Sag **Kuh** zu mir

# Wir lieben das Landleben.

TORSTEN PRAWITT · UTE HAESE

Sag Kuh zu mir

Aug in Aug
mit 1000 Rindern

Für Maja

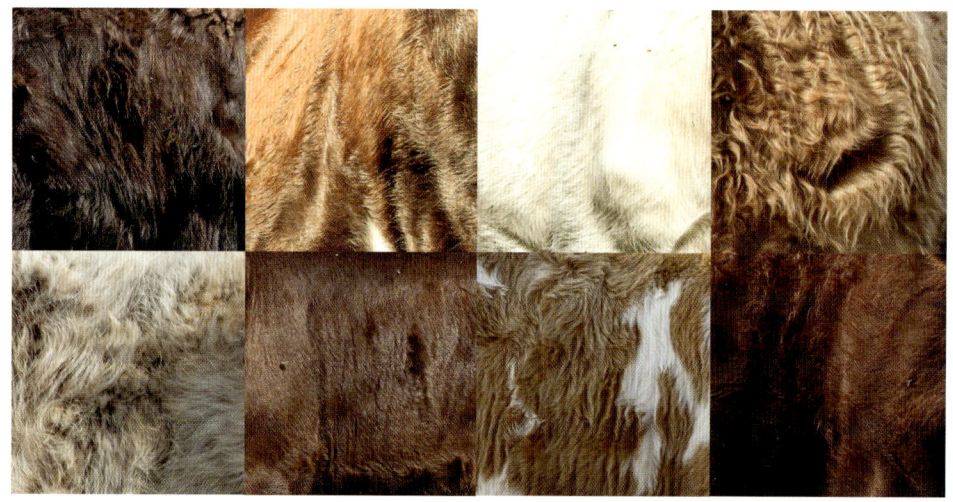

und all die anderen Models

Vorwort

Nicht sehr helle, aber nett, und oft von unfreiwilliger Komik – nicht ohne Grund gelten Kühe bei vielen Menschen als ausgesprochene Sympathieträger. Von der „Flachlandkuh" in der norddeutschen Tiefebene über die „Hochgebirgskuh" in den Tiroler Alpen bis zur „Inselkuh" auf Helgoland oder in England präsentieren sich so vielfältig und typisch wie die Landschaften auch ihre weidenden Bewohner/innen. Sie ruhen zwischen frühlingshaften Pusteblumen, entspannen sich auf saftigen Sommerweiden und waten durch überschwemmte Salzwiesen. Ihre urigen „Kuhsins" und „Kuhsinen" wie Wisent und Bison vermitteln einen Eindruck einstiger Wildheit; exotische Rassen wie Yak oder Wasserbüffel zeigen die beeindruckende Bandbreite der Erscheinungsformen innerhalb der großen Rinderfamilie.

Wir sind uns allerdings darüber im Klaren, dass wir hier weitgehend nur „glückliche Kühe auf der grünen Wiese" zeigen, also eine Minderheit. Aber allein unter diesen Bedingungen konnten und können sie ihren Charme entfalten, den zu zeigen das Anliegen unseres Bildbandes ist. Damit sollen jedoch nicht die massiven Probleme geleugnet werden, die sich aus der industrialisierten Massentierhaltung ergeben.

Schönberg im Juni 2014

Torsten Prawitt Ute Haese

Aug in Aug mit 1000 Rindern

Danksagung

Ganz herzlich danken möchten wir neben unseren vierbeinigen Models den menschlichen Unterstützern dieses Projekts, die uns großzügig den Zugang zu ihren Ställen gewährten oder uns in anderer Weise geholfen haben und uns in allen Fällen uneingeschränkt unsere Fotos machen ließen. Namentlich und damit gleichzeitig stellvertretend für die anonymen Besitzer jener Tiere, die wir irgendwo auf Weiden im In- und Ausland im Bild festgehalten haben, sollen hier genannt werden die Landwirte Rainer Muhs, Matthias Stührwoldt, Josef Oberleitner, Richard Kiene und Rüdiger Schulz. Ein mächtiges Dankeschön geht außerdem an Friederike und Tim Gehrmann. Sehr entgegenkommend zeigten sich auch die Verantwortlichen im Lehr- und Versuchszentrum Futterkamp sowie bei der Bayern-Genetik. Eine ganz besondere Erwähnung verdient ARCHE WARDER, das Zentrum für alte Haustierrassen im schleswig-holsteinischen Warder. Die meisten der in diesem Buch auftretenden exotischen oder ursprünglichen Rinderrassen konnten wir dort in Europas größtem Tierpark für seltene und vom Aussterben bedrohte Nutztierrassen fotografieren, weil die Leitung eine entsprechende Sondergenehmigung erteilte.

Gestatten, mein Name ist Lisa
Kuhträts — 8
  „Sie kam, fraß und blieb" — 30

Wenn ich einmal groß bin…
Muhtter & Kalb — 32
  „Schweigen war Silber, Muhen ist Gold" — 52

Jetzt entdecken wir die Welt!
Kuhgirls & Kuhboys — 54
  „Dumme Kuh"? — 70

Und wir bewegen uns doch!
Kuh in action — 72
  „Alles fließt …" — 86

Komm an meine Seite
Kuh de deux — 88
  „Wenn die Käseharfe schwingt" — 100

Ohne Herde? Nein danke!
Kuhhorten & Kuhsorten — 102
  „Der Yak ist ein schönes Rind" — 118

Man sieht sich
Muhltikuhlti & Begegnungen der besonderen Art — 120
  „Fleisch ist ein Stück Lebenskraft" — 134

Herein in die gute Stube!
Bei Kühens im Wohnzimmer — 136
  „Wie der Ochs vorm Berg" — 150

Wir können auch komisch
Kuhriositäten & Skuhrrilitäten — 152

Mopp-Models — 170
Knollen-Galerie — 172
Huf-Mode — 174
Augen-Blicke — 176
Echte Kerle — 178

Gestatten, mein Name ist Lisa

Kuhträts

Ob verwundert oder neugierig,
skeptisch oder hoffnungsvoll,
abgeklärt oder aufgeregt,
freundlich oder gereizt,
müde oder munter – diese
Köpfe besitzen Charakter.

Kuhträts

Ein Blick sagt mehr als tausend Worte.

Gel oder nicht Gel – das ist hier die Frage.

Seltene Gäste auf hiesigen Weiden: Englische Longhorns

„Und wer bist du?"

Segelohren

Hornträgerin

Leuchtnase

European   Blessen   Contest

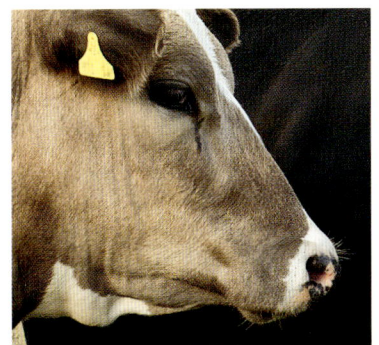

…und die Frisur sitzt auch.

Tiroler Schick

Neugierige Englische Parkrinder in Kent

Champions auf Weide und Wiese

Vorsicht Kamera! Glamour-Rind

Schau mir in die Augen, Kleines.

Hinter(n)-Kuhträts

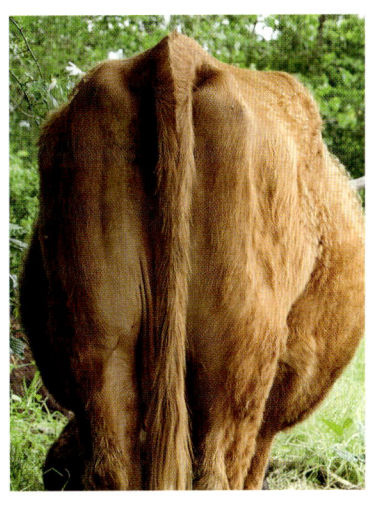

„Sie kam, fraß und blieb"

Kein anderes Nutztier dürfte den Menschen zumindest in unseren Breiten so gegenwärtig sein wie die Kuh. Und zwar nicht nur durch das, was sie uns täglich sichtbar in Form von Milch und Fleisch liefert, sondern allein durch ihre physische Präsenz. Während Ziegen zahlenmäßig keine Rolle spielen, Schafe lediglich regional massiv auftreten und Schweine dem Durchschnitts(-stadt)-menschen bei einem Landausflug so gut wie gar nicht unter die Augen kommen, wird er fast überall auf Kühe stoßen, und sei es im Dienst einer biologischen Landschaftspflege.

Das (Haus-)Rind kam, fraß und blieb. Genauer gesagt wurde es geholt. Und zwar aus dem heutigen Anatolien und dem Nahen Osten: Schon im 9. Jahrtausend v. Chr. machten sich die Menschen daran, wild lebende Auerochsen zu zähmen und durch gezielte Züchtung immer stärker den eigenen Bedürfnissen anzupassen. Zunächst bedeutete das ausschließlich die Gewinnung von Fleisch auf risikolose Weise. Ohne sich immer erst auf die mühevolle und oft lebensgefährliche Pirsch mit dann auch noch ungewissem Ergebnis begeben zu müssen, war man nun, wie bereits bei der Versorgung mit pflanzlichen Nahrungsmitteln, nicht mehr ausschließlich von den Launen der Natur und dem Sammler- bzw. Jagdglück abhängig. Später kam auch noch die Nutzung der Milch hinzu, womit ein Grundnahrungsmittel beständig erzeugt werden konnte, das logischerweise zuvor nicht zur Verfügung gestanden hatte. Der Einsatz des gebändigten Rindes als Zugtier schließlich führte in Verbindung mit der Entwicklung von Rad und Wagen sowie Hakenpflug zu weiteren einschneidenden Veränderungen etwa im Transportwesen, aber gerade auch in der Landwirtschaft. Gut 5.400 Jahre alt ist der früheste Beweis für die Nutzung von Radfahrzeugen in Europa, eine Fahrspur im schleswig-holsteinischen Flintbek, immerhin 3.500 Jahre eine weitere in Oechlitz in Sachsen-Anhalt.

All dies geschah unabhängig voneinander und zeitversetzt in zwei Strängen. Als erstes „entstand" im asiatischen Raum das Zebu aus der Domestizierung einer indischen Unterart des Auerochsen; andere dort verbreitete Hausrind-Rassen lassen sich dagegen auf nicht-auerochsische Vorfahren wie Banteng, Gaur oder Wildyak zurückführen.

Die circa 80 Mütter aller europäischen (und von hier

seit Ende des 15. Jahrhunderts auch nach Amerika gebrachten) Kühe dagegen grasten, wie man heute aufgrund von DNA-Analysen weiß, im Südosten der Türkei, in Syrien, dem Iran und dem Irak. Die hier etwas später, nämlich vor gut 8.000 Jahren beginnende Domestikation führte im Laufe der Zeit dazu, dass sich durch gezielte Zuchtauswahl mit Blick auf die angestrebte erhöhte Milch- und/oder Fleischproduktion das Erscheinungsbild der Kühe entsprechend veränderte. Stirn und Schnauze wurden kürzer, der Rumpf länger, die einst grundsätzlich eindrucksvollen Hörner wurden züchterisch oder mechanisch verkürzt beziehungsweise verschwanden gänzlich, der geschwungene Rücken begradigte sich, der jetzt massigere Körper ruhte auf kürzeren Beinen, und das ursprünglich kleine, kräftig behaarte Euter nahm teilweise gewaltige Dimensionen an, während es seine Haare verlor. Nur einige weniger stark umgezüchtete Rassen wie zum Beispiel das Spanische Kampfrind lassen noch heute erahnen, wie der ausgestorbene Auerochse ausgesehen haben mag. Als vermutlich Letzte ihrer Art starb eine Kuh 1627 in einem polnischen Wildgehege. Beim Versuch, diesen „Ur" rückzuzüchten, greift man deshalb im Gegensatz zu früheren Bemühungen, die schon in den 1920er-Jahren begannen, inzwischen auf diese noch ursprünglicheren Robustrassen zurück. Trotzdem hat auch dies bisher lediglich eine Annäherung an das Original hervorgebracht, allerdings schon eine etwas überzeugendere als die einstigen Bestrebungen der Gebrüder Heck. Ihre Arbeit lässt sich noch heute vielfach in Augenschein nehmen, denn die nach ihnen benannten „Heckrinder" finden sich, dann oft fälschlicherweise als Auerochsen bezeichnet, in zahlreichen Tierparks und Wildgattern.

Gegenwärtig existieren je nach Quelle weltweit noch ungefähr 300 bis 600 Rinderrassen mit allerdings deutlich abnehmender Tendenz; viele alte, nur sehr lokal begrenzt vorkommende Züchtungen gelten inzwischen als hochgradig gefährdet. Es ist zu befürchten, dass sich diese Entwicklung zukünftig noch verstärken wird.

Wenn ich einmal groß bin ...

Muhtter & Kalb

Liebevolle Fürsorge und eine stets prall gefüllte Milchtankstelle – derart gut behütet lässt sich Tag für Tag ein wenig mehr von dieser aufregenden Welt erkunden.

Muhtter & Kalb

Ein bisschen Furcht darf sein.

Die Herde denkt,
der Bauer lenkt.

„Ist das Yoga
oder Qigong?"

Jetzt üben wir den Eskimogruß.

Meine Fliegen sind auch deine Fliegen.

Kuscheleinheiten – mit Ohrenpflege inklusive

Mutter-Kind-Idyll

Die ersten zehn Minuten…

…im Leben eines Kälbchens

„Meine kleine Fledermaus"

Mutter und Sohn – das Fell lässt keinen Zweifel.

Ohrmarken auf Zuwachs

Ein brandneuer Erdenbürger

Die ersten Schritte

So fühlt man sich sicher

„Und? Noch Fragen?"

Oh, wie süüüüß!

Dem Knuddel-Alter entwachsen

Die zwei von der Tankstelle

Follow me!

Tonne und Tönnchen

Po und Popo   Gegen kalte Hufe hilft warme Milch.

Im Kreise der Lieben schläft es sich gut.

Rücken an Rücken ruht das Rind.

Entspannung direkt an der Milchquelle.

Das Leben macht müde.

Tankstellen

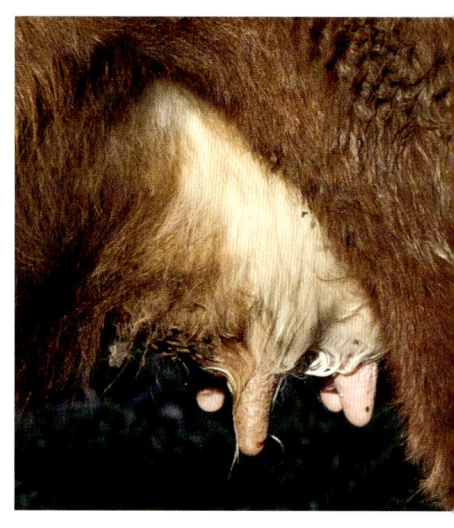

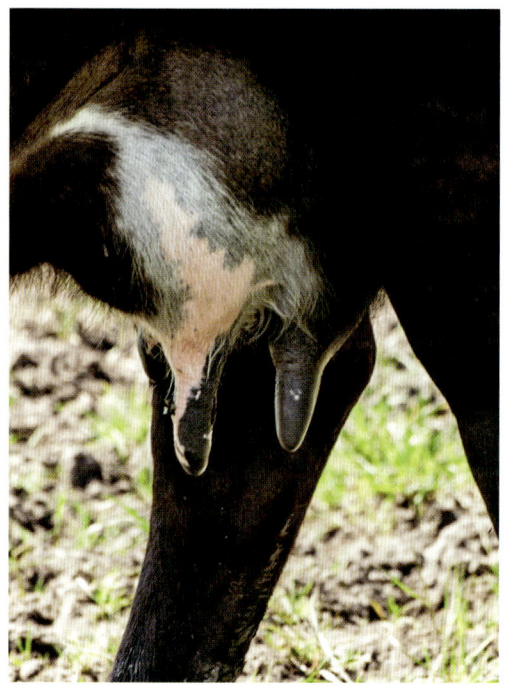
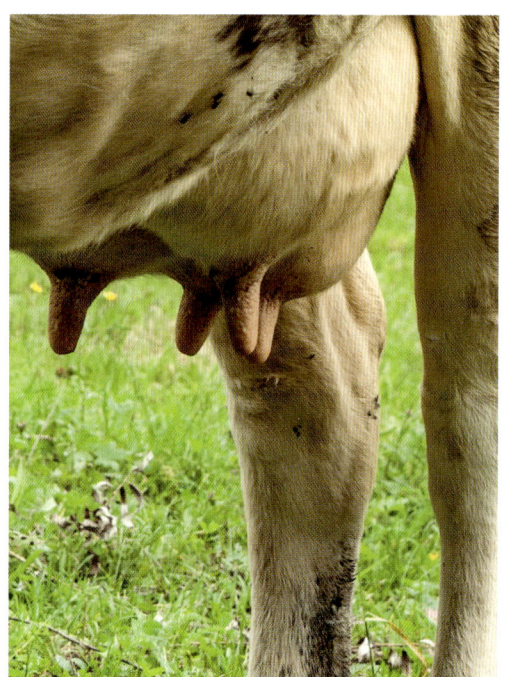

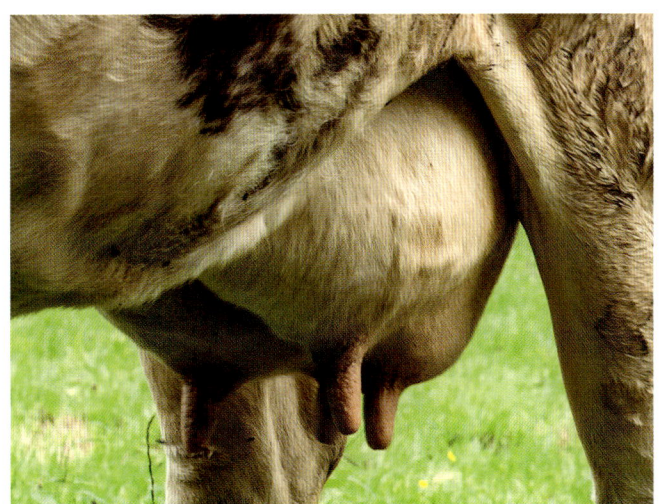
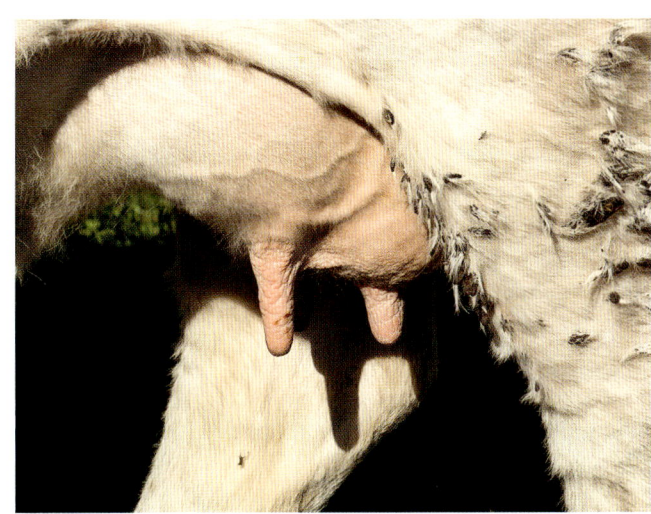

„Schweigen war Silber, Muhen ist Gold."

Nichts wirkt verlorener als eine einsame Kuh auf der Weide, und dieser Eindruck täuscht nicht. Um sich wohlzufühlen, braucht das (weibliche) Rind die Gemeinschaft der Herde, idealerweise bestehend aus etwa 20 bis 30 Artgenossen. In einem solchen Rahmen (er)kennen sich die einzelnen Mitglieder und schaffen auf der Basis dieser Vertrautheit ein stabiles Beziehungsgeflecht innerhalb der Gruppe – mit einer eindeutigen Strukturierung.

Denn die Kuh ist zwar ein soziales, aber kein sozialistisches Wesen: Auch wenn für den (allerdings dann tatsächlich nur sehr oberflächlichen) Betrachter alle Kühe auf einer Weide gleich aussehen mögen, weist eine klare Hierarchie in der Herde jedem Individuum seinen Platz zu. Alter, Körpergewicht, Größe, Temperament, Kampferfahrung, Rasse und Behornung entscheiden über den besseren Liegeplatz oder den vorrangigen Zugang zu scheinbar oder tatsächlich knappem Futter oder Wasser. Der jeweilige Status zeigt sich bei der Melkreihenfolge, soweit die Tiere sie selbst festlegen können, ebenso wie beim Betreten bestimmter Stallbereiche oder in der Abfolge beim Hinausgetriebenwerden auf die grüne Wiese.

Angesichts solcher entscheidenden Fragen – die zum Teil eine erstaunliche Parallelität zum menschlichen Zusammen- und besonders Arbeitsleben aufweisen – verwundert es nicht, dass diese Rangfolge unmissverständlich festgestellt werden muss. Nach spätestens drei Tagen weiß jeder Neuzugang, wo er sich in der Herde hierarchiemäßig zu verorten hat. Echte Kämpfe sind dabei oft gar nicht erforderlich, und wenn doch einmal, dauern sie üblicherweise nur wenige Sekunden. Soweit noch vorhanden, spielen dabei die Hörner eine wichtige Rolle. Eine entsprechende Größe, unterstrichen durch ein eindrucksvolles Imponiergehabe, verschafft häufig bereits den gewünschten Respekt. Diese Wirkung zeigt sich auch in der individuellen Distanz, die von den Kühen untereinander eingehalten wird und in der sich ebenfalls die Rangordnung widerspiegelt: Bei horntragenden Rindern kann sie an die 2 Meter betragen, bei hornlosen schrumpft sie bis auf 50 Zentimeter. Umgekehrt schafft ein (annähernd) identischer Rang eine größere Nähe: Das äußerst beliebte gegenseitige ausgiebige Ablecken erfolgt überwiegend auf einer Hierarchie-Ebene. Grundsätzlich wächst der Rang des

einzelnen Tieres innerhalb der Herde mit zunehmendem Alter. Bei einem diesbezüglichen Patt sind dann – hier enden die Parallelen zum menschlichen Konkurrenzkampf – Körperumfang und Gewicht entscheidend.

Normalerweise besteht eine Herde lediglich aus Kühen und kleineren Kälbern; der heranwachsende männliche Nachwuchs darf höchstens bis zum Erreichen der Geschlechtsreife dort verbleiben. Unter „selbstbestimmten" Bedingungen würden sich diese Youngster mit etwa 2 Jahren in kleinen Junggesellengruppen zusammenschließen; ältere Bullen bevorzugten sogar ein Dasein als Einzelgänger. Dass die Kerle sich verziehen – oder zwangsweise abgezogen werden – trägt zu einer deutlichen Befriedung bei: In der verbleibenden Damentruppe wird die einmal hergestellte Hierarchie sehr viel bereitwilliger akzeptiert. In einer gemischtgeschlechtlichen Herde dagegen haben gerade die aggressiveren Bullen beständig ihre männlichen Konkurrenten im Auge. Aber auch in einem reinen Herrenverein bemühen sich die Bullen unablässig um einen Aufstieg in der Rangordnung. Der menschliche Betreuer ist deshalb gut beraten, seine Schützlinge und ihre Laune stets und vor allem rechtzeitig richtig einzuschätzen.

Das Rind seinerseits weiß ebenfalls durchaus zwischen einzelnen Menschen zu unterscheiden. Es reagiert sowohl auf akustische als auch optische Reize - und kulinarische. Der Bauer, von dem es täglich mit ein paar Leckerlis beglückt wird, kann sich jedes Mal eines begeisterten Empfanges sicher sein. Ebenso wird ein kraftvolles Kraulen durchaus geschätzt. Eine glückliche Kuh schickt dem zweibeinigen Besucher ein freundliches Willkommens-Muh entgegen, womit sie ungewollt die grundlegende Verbindung zu ihm unterstreicht: Denn nur als domestiziertes Hausrind kann sie es überhaupt riskieren, ihre Stimme so laut zu erheben. Ihre wilden Vorfahren hätten das niemals gewagt, sie folgten als potenzielle Beute hungriger Raubtiere wohlweislich dem Motto „Schweige und überlebe".

Neugierig, verwundert, skeptisch und
manchmal auch ein bisschen ängstlich –
für den kühischen Nachwuchs
ist die große weite Weide Spielwiese
und Rätsel zugleich.

Kuhgirls & Kuhboys

Das perfekte
Kindchenschema …

…aus jeder Perspektive

Persianer auf vier Beinen   Ein Minibär?

Klein, aber
schon ziemlich oho.

Ein Stofftier? Ein Plüschkalb?

Fellpflege schafft Nähe.

Die Welt ist ein Rätsel.

Skeptisches Kalb

Immer auf Entdeckungstour

Noch feucht, nicht nur hinter den Ohren: frisch geborenes Kalb

Ton in Ton　　　　　　　　　　　　　　　　Gepflegte Rustikalität

Und immer wieder wird gekuschelt.

Milch macht müde
Mädchen munter.

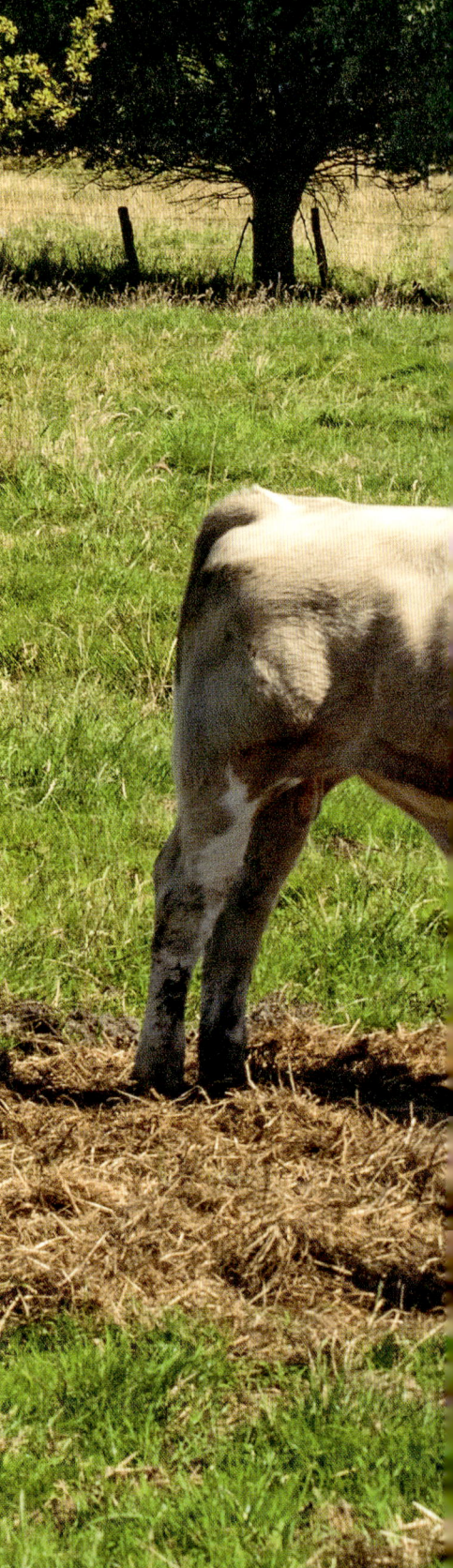

Halbstarke unter sich

Zärtlichkeiten
in der Kinderstube

Künftige Rockröhre
oder Operndiva?

„Nein, ich bin
kein Schaf!"

Jungbulle
mit Minipli

White
Galloways

Blick durch die Blume

„Dumme Kuh"?

„Alle guten Dinge haben etwas Lässiges und liegen wie Kühe auf der Wiese." Schon Friedrich Nietzsche konnte sich offenbar der beruhigenden Wirkung einer gemächlich wiederkäuenden Kuh nicht entziehen. Denn dieser Tätigkeit widmet sie sich zumeist, wenn sie sich niedergelassen hat, und das in der Tat mit einem Höchstmaß an Abgeklärtheit und Lässigkeit. Was wir bei einem Kaugummi kauenden menschlichen Gegenüber eher als abstoßend empfinden – und das sogar umso mehr, je weiter ausholend und damit doch eigentlich rindsähnlicher sich dessen Unterkiefer dabei bewegt –, nehmen wir bei *Bos primogenius taurus* als sympathisch und Ausdruck einer beneidenswert gelassenen Sichtweise auf die zunehmend hektischere Welt wahr. Wenn der Mensch ist, *was* er isst, wie es der Philosoph Ludwig Feuerbach formulierte, so ist die Kuh, *wie* sie isst (und verdaut): Solange nicht ein unvermutetes (Schreck-)Erlebnis den Instinkt des Fluchttieres in ihr auslöst, widmet sie sich 8 bis 10 Stunden am Tag der Nahrungsaufnahme. Gemächlich voranschreitend und so im Laufe der Zeit bis zu 13 Kilometer zurücklegend, frisst ein erwachsenes Tier dabei besonders in den Morgen- und Abendstunden ca. 150 Kilogramm Gras und Kräuter, was in etwa einem Viertel seines Körpergewichts entspricht. Um diese Menge zu verarbeiten, wird kräftig in die Hufe gespuckt: Bis zu 150 Liter Speichel produziert ein Rind jeden Tag, weshalb es in dieser Zeitspanne bei entsprechend hohen Temperaturen an die 180 Liter Wasser aufnehmen kann; normalerweise begnügt es sich allerdings mit 30 bis 76 Litern.

Wenn die Kuh nicht frisst, ruht sie, womit sie weitere 9 bis 12 Stunden ihres Tages ausfüllt. 6 bis 10 derartige Phasen der Entspannung verteilt sie so auf die 24 Stunden mit einem deutlichen Schwerpunkt in der Nacht. Einem echten Tiefschlaf gibt sie sich dagegen ungefähr 10-mal pro Tag für jeweils nur einige Minuten hin, also insgesamt kaum mehr als eine halbe Stunde. Denn in der übrigen Zeit tut sie das, was im Bewusstsein des menschlichen Betrachters kühischer nicht sein kann: Sie käut wieder.

Wie bei den ebenfalls wiederkäuenden Schafen, Ziegen und Kamelen gönnt sich auch die Kuh den Luxus eines mehrholigen Magensystems. Ehe die Nahrung den

eigentlichen Hauptmagen, den Labmagen, erreicht, durchläuft sie den Pansen, den Netzmagen und den Blättermagen. Durch diese intensive Bearbeitung kann die Kuh sogar aus magerstem Gras und trockenem Heu sehr viel (eiweißreiche) Milch produzieren. Das abgerupfte Grünzeug wandert zunächst nur ganz leicht zerkaut in den Pansen, wo Billionen von Mikroorganismen einen Gärprozess einleiten, in dessen Verlauf sie sich selbst ungeheuer vermehren. Dieser Brei muss nun analysiert und gegebenenfalls weitergeleitet werden. Das übernimmt der eng mit dem Pansen zusammenarbeitende Netzmagen. Noch nicht ausreichend zerlegte Futterstoffe schickt er zur erneuten Bearbeitung entweder zurück in den Pansen oder als kleine schmackhafte Portionen wieder in das Kuhmaul. Das bereits erfolgreich aufgespaltene Material wandert dagegen in den Blättermagen. Hier wird es angedickt, Wasser und wasserlösliche Nahrungsbestandteile werden aufgesaugt, ehe die verbleibende zähere Masse in das Hauptverdauungsorgan, den Labmagen, zwecks endgültiger Aufbereitung gelangt. Der Rest landet nach seinem Weg durch fast 60 Meter Darm 16- bis 18-mal am Tag als eindrucksvoller Fladen auf der Weide.

All dies geschieht beständig, während die Kuh sich der weiteren Nahrungsaufnahme oder der Nachbearbeitung des Futters widmet, dem Wiederkäuen. Und sie tut es nicht nur äußerst bedächtig, sondern auch ernährungsphysiologisch korrekt:

Was Experten dem seine Mahlzeit hinunterschlingenden menschlichen Stress-Esser empfehlen, nämlich jeden Bissen im Idealfall vor dem Schlucken 50-mal zu kauen, macht eine Kuh ohne jedes Coaching instinktiv. 40- bis 60-mal lässt sie die aus dem Pansen hochgewürgte Nahrungsmasse im Maul hin- und herwandern, ehe sie sie wieder in die Tiefen ihres Verdauungssystems versenkt. So kommt sie auf 30.000 Kaubewegungen am Tag.

Mit Blick auf neueste Forschungsergebnisse, denen zufolge Kaugummikauen beim Menschen durch die beständige Kieferbewegung die Gehirnleistung fördert, ist damit der biologisch ohnehin zu hinterfragende Ausdruck „dumme Kuh" definitiv nicht mehr haltbar.

Und wir bewegen uns doch!

Kuh in action

Es muss ja nicht gleich
Bungee-Jumping sein. Aber
ein rasanter Kurzstreckensprint,
ein beherzter Sprung oder
ein volltönender Auftritt bereichert
auch den kühischen Alltag.

Kuh in action

„Soll ich oder soll ich nicht?"

Anschauliche Physik: Masse mal Beschleunigung

Die Zähre rinnt … Der Bulle markiert sein Revier mit Tränenflüssigkeit.

Auf dem Sprung

"Nun schieb doch nicht so!"

Traute Zweisamkeit

"Hoppla, jetzt komm ich!"

Freie Liebe auf Helgoland

10 Liter

20 Liter

30 Liter

40 Liter

50 Liter

3 Liter

Auf der Weide ist Muhsike.

Sopran

Bass-Bariton

Tenor

Auf geht's in die Sommerfrische.

"Wollen wir da wirklich raus?"

On the road again...

Die erste Wiesenerkundung

„Alles fließt…"

… erkannten schon die alten Griechen, und auch wenn sich der heutige Durchschnitts(-stadt)-mensch nicht auf den philosophischen Pfaden von Heraklit und Platon bewegt, fragt er sich doch: Wie kriegt man eigentlich beständig so viel Milch aus der Kuh? Die Basis des Erfolgs benennt bereits Ende des 19. Jahrhunderts der „Schlipf", ein damals weit verbreitetes landwirtschaftliches Handbuch. Der Autor dieses Klassikers, Johann Adam Schlipf, führt darin die untrüglichen „Zeichen guter Milchergiebigkeit" an, nämlich: „Die Kuh darf kein stierähnliches Aussehen haben; der ganze Körperbau muß einen zarten, weiblichen Charakter besitzen, der Ausdruck des Gesichts muß sanft, fromm und gutmütig sein … die Kuh besitze feine, kurze, glänzende Hörner [und] feinhäutige, durchsichtige Ohren."

Ein solch marienhaftes Wesen lieferte zu jener Zeit mit circa 2.000 Litern Milch im Jahr trotzdem nur einen Bruchteil jener Menge, die heutige auf Spitzenleistungen gezüchtete Rassen produzieren. Liegt schon der Durchschnittswert in Westeuropa und Nordamerika gegenwärtig bei ungefähr 8.000 Litern, so kann es eine Holstein-Friesian-Kuh der obersten Klasse auf fast 20.000 Liter bringen. Derartige Ergebnisse sind natürlich nicht mehr allein auf der grünen Wiese zu erzielen, sondern nur mit entsprechenden Fütterungs- und Haltungsformen. Ein gemächliches Grasen auf der Weide würde selbst der effektivsten Wiederkäuerin niemals die Energiemenge liefern, die für einen solch gewaltigen Ausstoß erforderlich ist.

Das grundsätzliche Prinzip bleibt davon allerdings unberührt: Auch das weibliche Rind gibt wie jedes Säugetier lediglich Milch, wenn es – eigentlich – ein Kalb zu versorgen hat. Soll die Milch also nicht in den kühischen Nachwuchs, sondern in den Tretrapak fließen, muss der Natursauger durch die Melkmaschine ersetzt werden. Während der echte Nachwuchs in den meisten Fällen mit Milchersatzstoffen oder gelegentlich auch durch eine Amme aufgezogen wird, zapft man der Mutterkuh 2- bis 3-mal am Tag das begehrte Original ab, wobei die Milchmenge von Schwangerschaft zu Schwangerschaft beständig wächst – von anfänglichen 15 Litern pro Tag auf bis zu 50 Liter bei der fünften und üblicherweise letzten Trächtigkeit, was einer alljährlichen Produktion vom

Zehn- bis Zwanzigfachen des eigenen Körpergewichts entspricht. Um diesen Milchstrom (fast) nicht zu unterbrechen, wird die Kuh nach der Kalbung so bald wie möglich wieder befruchtet, lediglich die letzten 8 Wochen vor der nächsten Geburt wird sie „trockengestellt", d.h. nicht gemolken. Etwa 4,5 Millionen Rinder, also ein gutes Drittel des hiesigen Bestandes, tun so als Milchkühe ihren Dienst.

Dass der Mensch oder genauer ein Teil der Menschheit auch noch im Erwachsenenalter Milch trinken kann, liegt an einer genetischen Mutation, die vor etwa 7.500 Jahren stattgefunden hat. Seither verfügt er im Gegensatz zu allen anderen Säugetieren nicht nur als Baby über ein Enzym (Laktase), das ihn in die Lage versetzt, Milchzucker (Laktose) zu verdauen. Überall, wo Viehwirtschaft existierte, konnten diese menschlichen „Mutanten" die Oberhand gewinnen, weil ihnen damit ein hochwertiges und im Prinzip jederzeit zugängliches Nahrungsmittel zur Verfügung stand. Insgesamt jedoch müssen etwa zwei Drittel der Weltbevölkerung ohne dieses „Milchtrinker-Enzym" auskommen, wobei vor allem die Menschen in Afrika, Indien und China betroffen sind. Und auch in Deutschland zählen etwa 10 bis 15 Prozent der erwachsenen Bevölkerung zu dieser Gruppe.

Wer dagegen kann, der trinkt Milch – als Mann etwa 73 Liter im Jahr, als Frau etwas weniger. Seit 1950 lässt die Begeisterung für das reine Eutersekret allerdings beständig nach, zum Ausgleich nimmt jedoch der Käsekonsum stetig zu. Neben anderen positiven gesundheitlichen Auswirkungen – wobei ein Zuviel auch hier negative Folgen haben kann – fördert Milch das Größenwachstum, weshalb in (Milch!-)Vieltrinker-Nationen wie Holland oder Finnland die Menschen besonders groß sind. Dieser Effekt dürfte u. a. auch die zunehmende Begeisterung für Milch- und Milchprodukte gerade in China erklären, obwohl dort 90 Prozent der Bevölkerung von der Laktose-Intoleranz betroffen sind. Da sich dies aber, wie überall auf der Welt, nur bei ungefähr einem Drittel der Menschen tatsächlich in Form von körperlichen Beschwerden zeigt, steht auch im Reich der Mitte einem zumindest maßvollen Konsum von Milch(produkten) nichts entgegen.

Nicht nur die große Herdengemeinschaft ist wichtig für das kühische Wohlbefinden: Zu zweit sieht jede Weide gleich grüner und saftiger aus.

Kuh de deux

Traumpaar im Grünen

Schottische Highlander als Naturpfleger

Britische Beauties

Nachwuchs

Zwillingsnasen

Wunder(n) …

… gibt es immer wieder.

Großer Kopf und schmächtiger Körper – die Perspektive macht's.

Po de deux

Doppelkopf

„Ich und du …

… kommt da etwa noch 'ne Kuh?"

„Wollen wir ein bisschen bimmeln gehen?"

„Kennste die?"
„Nee, nie gesehen."

Wenn die Käseharfe schwingt

„Butter und Käse sind auf einen Tag geboren", behauptet eine alte Redensart. Zwar ist unbekannt, wann die erste Butterstulle geschmiert wurde, doch geht man davon aus, dass die Umwandlung von Milch in Streichfett mit der aufkommenden Viehzucht entwickelt wurde. Bei Griechen und Römern war Butter jedenfalls schon bekannt, kam allerdings nur medizinisch, beispielsweise als lindernde Salbe bei Prellungen, zum Einsatz. In der Küche dagegen herrschte unangefochten das Olivenöl.

Im Mittelalter aber wurde Butter zu einer bedeutsamen Handelsware, wobei man bis zum Aufkommen der Kühltechnik im 18. Jahrhundert das kostbare Produkt zur Konservierung oft mit Käse umschloss.

Ungeachtet technischer Fortschritte im Detail, hat sich am grundsätzlichen Prinzip des „Butterns" bis zum heutigen Tag kaum etwas geändert: Man lässt das „Gemelk" zwei Tage lang stehen und schöpft dann den fetthaltigen Rahm ab. Nachdem er zwecks Reifung etwas geruht hat, wird er geschlagen. Das dabei aus den geplatzten Fettkügelchen freigesetzte Milchfett verklebt miteinander, während sich die meisten fettfreien Bestandteile als Buttermilch abtrennen. Die verbleibende Butter wird bis zur angestrebten Konsistenz geknetet, dann geformt und zuletzt abgepackt.

Bei der industriellen Produktion sieht dieser Ablauf ganz ähnlich aus: Der aus hygienischen Gründen pasteurisierte, also kurzzeitig erhitzte Rahm kommt nach einer zwanzigstündigen Ruhe- und Reifezeit in die Butterungsmaschine. Schläger, Trommel und Kneter übernehmen hier die einst mühevolle Handarbeit. Getrennt vom Nebenprodukt Buttermilch, wandert die Butter selbst in die Ausformmaschine, um sie säuberlich abgepackt wieder zu verlassen. Aus gut 20 Litern Milch entsteht so ein Kilogramm Butter.

Der zeitliche Anfang des zweiten Milchveredelungsstranges lässt sich sehr viel genauer fassen: Aus der Jungsteinzeit, d.h. um 5500 v. Chr., gibt es erste konkrete Hinweise auf Käse; ab etwa 5000 v. Chr. ist seine Herstellung in Mesopotamien, dem Schwarzmeerraum, Kleinasien, Ägypten und Nordafrika verbreitet. Von den Griechen übernahmen die Römer das Wissen; nach dem Untergang des Römischen Reiches überlebten diese Kenntnisse in den Klöstern Europas. Dank einer

akribischen Buchführung seitens der Mönche lassen sich mehrere heute noch bekannte Käsesorten wie etwa Greyerzer, Gouda, Edamer, Emmentaler oder Appenzeller bis um das Jahr 1100 n. Chr. zurückverfolgen. Ihre Herstellung war und ist immer noch deutlich aufwendiger als die Butterproduktion.

Zunächst muss die heute außer bei Rohmilchkäsen ebenfalls pasteurisierte Milch entweder durch Entrahmung oder durch Zugabe von Sahne auf den gewünschten Fettgehalt gebracht werden, ehe ihr „Dicklegen" erfolgt. Durch Zusatz von Lab, einem aus Kälbermägen gewonnenen Enzym, oder mikrobiellen Schimmelpilzen wird die Süßmilchgerinnung eingeleitet, an deren Ende ein Hart- oder Schnittkäse steht. Für nicht reifenden Käse, wie zum Beispiel Quark oder Frischkäse, kommen bei der Sauermilchgerinnung nur Milchsäurebakterien zum Einsatz.

Nach einer Ruhephase der so entstandenen „Dickete" oder „Gallerte" – der Name ist Konsistenz – wird der Käsebruch mittels der Käseharfe von der flüssigen Molke getrennt. Dieses mit Draht bespannte Rührwerkzeug zerkleinert die festen Bestandteile in kleinste Bröckchen.

Durch beständiges Rühren zieht sich dieses Käsekorn immer mehr zusammen, bis die Masse schließlich erhitzt wird. Danach wird der Käseteig, umhüllt von Leintüchern, in Formen gefüllt und weitere Molke herausgepresst, wodurch er noch an Festigkeit gewinnt. Es folgt ein Salzwasserbad, das den Geschmack unterstreicht, eine Rindenbildung als Schutz gegen Austrocknung und zur Haltbarmachung anregt und erneut Molkenflüssigkeit entzieht. Anschließend hat der Käse endlich Ruhe, je nach Sorte tage- bis jahrelang. Wobei diese Ruhe ein relativer Begriff ist. Denn erst jetzt bildet sich durch Stoffwechselvorgänge der Mikroorganismen sowie durch Wenden, Bestreichen, Bürsten und/oder Wälzen in Kräutern der jeweilige endgültige sortenspezifische Geschmack heraus. Und nicht nur dieser. Die beim Reifen entstehenden Kohlensäuregase werden von der Käserinde am Entweichen gehindert. Also siedeln sie sich resigniert in ihrem Gefängnis an, wodurch unterschiedlich große Hohlräume entstehen – und schon sind sie da, die geheimnisvollen Löcher im Käse.

Ohne Herde? Nein danke!

Kuhhorten & Kuhsorten

Ob als schottischer Highlander hinterm Deich oder als Holstein Frisian im Gebirge, ob versippt, verwandt oder verschwägert – die Welt der Rindviecher ist vielfältig und kunterbunt.

Kuhhorten & Kuhsorten

"Hallo Fremder"

„Und tschüss!"

Kalli

Erna

Nadine

Burschi

Die Weide sucht den Superstar.

Galanta

Radegund  Cara  Baffi

Vallerie

Oberliserl

Martje

Fahra

Taba

Ufo

Galaxis

Sabo

Naila

Yolina

Ilana

Dane

Karlchen  Palita  Waldi

Maria

Tommy

Adela

Kaiser

Held

Janchen

Odelia

Alpenromantik

Schräglage am Hang

Weide mit Panoramablick

Die Herde zieht weiter.

Neugierig sind sie alle.

„Der Yak ist ein schönes Rind ...

... aber er erscheint auch gewissermaßen als ein Mittelding von Rind, Pferd und Schaf. [...] Eigentlich ähnelt nur der Kopf dem des Ochsen; der übrige Körper ist gleichsam eine Zusammensetzung verschiedener Thierformen." So beschrieb Alfred Brehm in seinem bis heute berühmten „Illustrierten Thierleben" dieses in der Tat seltsam anmutende Geschöpf, das als Hausyak im Himalaja, in der Mongolei und in Südsibirien weit verbreitet ist, während sich die stark gefährdete Wildform heute nur noch in China nachweisen lässt.

Mit seinem zotteligen langen Fell einem gewaltigen Staubfänger nicht unähnlich und auch physiologisch an extreme Umweltbedingungen angepasst, fühlt sich der Yak dort am wohlsten, wo niemand Urlaub machen möchte: Regionen mit Durchschnittstemperaturen von weniger als 5 Grad Celsius und höchstens 13 Grad im Mittel während der wärmsten Monate hat der lebende Besen am liebsten. Übersteigt die Temperatur diesen Wert, beschleunigt er zunächst die Atemfrequenz, um überschüssige Wärme abzuleiten; ab 16 Grad gehen dann auch Herzschlagfrequenz und Körpertemperatur in die Höhe. Yaks sind noch deutlich anspruchsloser als die schon genügsamen Robustrinder, ein mehrtägiger Verzicht auf Futter und Wasser während eines Schneesturms bedeutet für sie kein Problem. Mit dieser Anpassungsfähigkeit können die „Grunzochsen" bis in Höhen von über 7.000 Metern als Reit- und Tragtiere eingesetzt werden, im Übrigen liefern sie Milch, Fleisch, Leder, Wolle und mit ihrem Kot in einer vegetationsarmen Gegend sogar noch wertvolles Brennmaterial.

Einen nach menschlichen Maßstäben nicht unbedingt treffsicheren Geschmack beweist auch der Wasserbüffel bei der Auswahl seiner bevorzugten Aufenthaltsorte: Feuchtgebiete und Sumpfwälder findet er gut. 150 Millionen Exemplare gibt es weltweit; allerdings nahezu ausschließlich in der domestizierten Form. Die praktisch nicht zu überprüfende Zahl der noch genetisch reinen wilden Wasserbüffel schätzt man auf höchstens 4.000 Tiere, die hauptsächlich in Indien leben. Schon um 4000 v. Chr. wurde *Bubalus arnee* in China domestiziert und tut bis in die Gegenwart seinen Dienst beim Pflügen der Reisfelder in Südostasien, als Lasttier sowie als rindstypischer Milch-, Fleisch- und Lederlieferant.

Heute findet er sich auch in Südeuropa – der echte italienische Mozzarella-Käse besteht aus Büffelmilch –, Nord- und Ostafrika, Australien, auf Mauritius und Hawaii, in Südamerika und Japan. Gerade bei der Milchproduktion zeigt sich die mittlerweile gezielt betriebene Züchtung, die schon mehr als 70 Hausbüffelrassen hervorbrachte: In absehbarer Zeit soll eine Angleichung an das Niveau klassischer Milchkühe erreicht werden. Aber selbst dann wird dem Wasserbüffel die Lust an seinen geliebten (Schlamm-)Bädern nicht vergehen, die Alfred Brehm ebenfalls in anschauliche Worte zu kleiden wusste. „Manchmal sieht er aus wie ein Schwein, welches sich eben in einer Kothlache gesuhlt hat; denn genau so … hat er seines Herzens Gelüsten Genüge geleistet. Ob ihm dann der Koth liniendick auf den Haaren hängt oder ob diese durch ein stundenlanges Bad … gehörig durchwaschen und gesäubert sind … : Er weiß auch diese Verschiedenheiten seines Zustandes mit Ruhe und Würde zu ertragen."

Weniger Ruhe und Würde, sondern ungestüme Kraft und Stärke verkörpert dagegen der Bison als Inbegriff des noch lebenden Wildrindes. Wie so viele heutige Bewohner des nordamerikanischen Kontinents kam auch der in der männlichen Ausgabe fast 4 Meter lange und annähernd eine Tonne schwere Koloss einst als Einwanderer. Während der jüngsten Eiszeit, die vor 10.000 Jahren endete, nutzte er die letzte Gelegenheit, um über eine damals noch existierende Verbindung zwischen Asien und Nordamerika in das zukünftige Land der unbegrenzten Möglichkeiten überzusiedeln. Die Immigranten vermehrten sich rapide, sodass im 16. Jahrhundert geschätzte 25 bis 30 Millionen Bisons die Prärien bevölkerten. Erst ab 1870 dezimierte eine rücksichtslose Jagd durch die weißen Siedler die Bestände bis auf wenige hundert Tiere Anfang des 20. Jahrhunderts. Heute gibt es wieder ungefähr eine halbe Million Bisons, und man ist bestrebt, sie gerade im Mittleren Westen verstärkt als Touristenmagnet und zur Fleischgewinnung einzusetzen. Unter dem Motto „Eat more Buffalos" und im Rahmen eines Projektes namens „Buffalo Commons" – etwa „Büffel-Allmende", also für alle zugängliches Weideland – sollen wieder Bisonherden ungehindert so wandern können, wie sie es taten, bevor ihnen diese Möglichkeit genommen wurde.

Man sieht sich

Muhltikuhlti & Begegnungen der besonderen Art

Die Cousine aus Tibet, der Neffe aus Indonesien, der Halbbruder aus Nordamerika – die buckelige Verwandtschaft lebt inzwischen nicht mehr nur in fernen Ländern.

Muhltikuhlti &
Begegnungen der besonderen Art

Ein echter Schokobüffel

Ein ausgiebiges Schlammbad…

…schüztz vor Insektenstichen.

Mit einem Bisonbullen ist nicht zu spaßen.

Sommerfeeling: ein übermütiges Bisonkalb

Der „rückgezüchtete" Auerochse fehlt in kaum einem Tiergehege.

Charakterköpfe: Wisent (li.) und Wasserbüffel

Locken zwischen langen Hörnern: Ungarisches Steppenrind

Entspanntes Miteinander: Zwergzebu und Ungarisches Steppenrind

Ein uriger „Auerochse"

Ein echtes Zotteltier: der Hausyak aus dem Himalja

Harmonisches Stillleben mit Wasserbüffeln

Masse, Klasse, Wucht – ein Ungarischer Steppenrindbulle

„Diese Paparazzi sind eine echte Plage!"

„Du riechst aber komisch."

„Dich krieg ich."

„Hast du unseren Bauern gesehen?"

„Fleisch ist ein Stück Lebenskraft."

Diesem aus Rindersicht eher fragwürdigen Werbeslogan stimmt in Deutschland die Hälfte der „unbekümmerten Fleischesser" zu, die wiederum 75 Prozent der Bevölkerung ausmachen. Und auch wenn sich der Fleischkonsum hierzulande 2013 um durchschnittlich 2 Kilogramm verringert hat und die Zahl der Vegetarier und Veganer zunimmt, verzehrt der repräsentative Bundesbürger immer noch etwa 60 Kilogramm im Jahr. Zwar steuert das Rind dabei mit knapp 9 Kilogramm gegenüber dem Schwein mit gut 38 Kilogramm und dem Federvieh mit 115 Kilogramm nur einen vergleichsweise geringen Anteil bei, doch besteht für die Hornträger trotzdem kein Anlass, sich beruhigt ins Gras zurückzulegen: Schließlich müssen 3,2 Millionen von ihnen alljährlich die Erfahrung machen, dass sie sich in ihrem netten Bauern wohl doch getäuscht haben.

Rund 1,5 Milliarden Rinder gibt es auf der Welt, die mit ihren beständigen Rülpsern aus den Tiefen des Pansens heraus bei einer „Pro-Kopf-Leistung" von täglich circa 200 Litern Methan übers Jahr eine Menge dieses extrem klimaschädlichen Gases freisetzen, die der Wirkung von 4,5 Milliarden Tonnen Kohlendioxid entspricht. Zusammen mit den anderen ebenfalls die Atmosphäre bedrohenden Auswirkungen dieser Massenhaltung wie zum Beispiel dem dafür nötigen Futtermittelanbau und der Umwandlung von Naturlandschaften in Weideflächen tragen die Kühe so inzwischen zu etwa 12 Prozent der alljährlichen Treibhausgas-Emissionen bei.

Und von nichts kommt nichts: Um stets über eine ausreichende Grundlage für diese Rülpsorgie zu verfügen, fressen sie zusammen mit den übrigen Nutztieren annähernd die Hälfte der europäischen Weizenernte. Weltweit wandern 40 Prozent der Weizen-, Roggen-, Hafer- und Maisproduktion in ihre Mägen; etwa 70 Prozent der Äcker und Weiden dienen mittlerweile der Nutztierhaltung. Immerhin aber können die Rinder darauf verweisen, dass sie jedenfalls zurzeit nicht entscheidend zu einer weiteren Erhöhung dieser ökologischen Belastungen beitragen – die Rindfleischproduktion stagniert weitgehend, innerhalb der EU und auch Deutschlands ist sie sogar rückläufig. Das bedeutet aber nicht, dass weltweit weniger Rindfleisch gegessen wird, sondern ist eher eine Frage internationaler Handelsströme und Veränderungen in den einzelnen Erzeugerländern.

Denn grundsätzlich gilt, dass, ungeachtet nach wie vor existierender großer sozialer Unterschiede und Verteilungsprobleme, wachsender Wohlstand vor allem in den (ehemaligen) sogenannten Schwellenländern wie zum Beispiel China immer mehr Menschen in die Lage versetzt, sich das teure und nicht zuletzt gerade deshalb begehrte Fleisch leisten zu können. Hier geht es nicht in erster Linie um den Geschmack, sondern um den Status. Dunkles Fleisch wie das der Kuh steht in den weitaus meisten Kulturen an der Spitze der Wertschätzung. Geflügel und Fisch belegen das Mittelfeld, tierische Produkte wie Eier, Milch und Käse schließen sich darunter an, Gemüse, Obst und Getreideerzeugnisse müssen sich mit dem letzten Platz zufrieden geben. Diese Skala dürfte zumindest den meisten Hausfrauen auch heute noch vertraut vorkommen. Wenn Mutti wieder mal versucht, eine größere Gemüsebeilage als gleichberechtigten Anteil der Gesamtmahlzeit oder gar ein komplett vegetarisches Hauptgericht auf den Tisch zu bringen, werden Vati und Sohnemann im Regelfall nur wenig Begeisterung zeigen. In der Tat lässt sich feststellen: Der (Rind-) Fleischesser ist nicht nur grammatikalisch männlich. Der westliche ehemalige Jäger verzehrt auch heute noch ungefähr 60 Prozent mehr Fleisch in seiner reinen Form und 50 Prozent mehr Wurstwaren als die ehemalige Hüterin von Höhle und Lagerfeuer. Und dahinter steckt eindeutig der Nimbus aus archaischen Zeiten: Wer sich ein blutiges Auerochsensteak einverleibte, war der festen Überzeugung, sich damit einen Teil der Stärke, der Aggressivität und der Potenz des mächtigen, unmittelbar zuvor erlegten Tieres anzueignen. Dieser über unzählige Generationen verinnerlichte Mythos zeigt sich auch heute noch in der Präferenz für das Beefsteak in den Darreichungsformen „blutig" oder „medium": Beim völlig durchgebratenen Fleischstück würde – auch wenn man(n) solche Dinge selbstverständlich nicht ernst nimmt – eventuell die eine oder andere Wirkung nicht mehr eintreten. Denn vielleicht gilt ja doch in Abwandlung des eingangs zitierten Werbeslogans das für die Kuh sicherlich nicht weniger beunruhigende Motto „Fleisch ist ein Stück Leidenschaft."

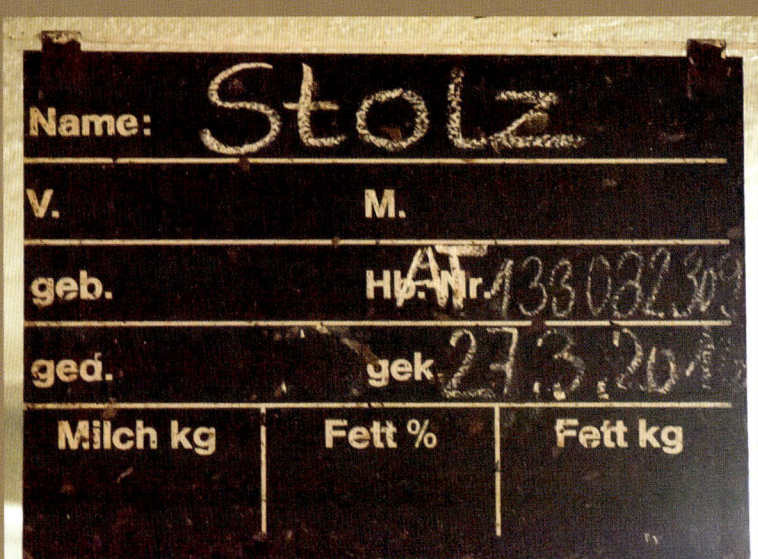

Von der Luxussuite
mit Wellnessbereich über
die Großraumwohnung
mit Wiesenanschluss bis zum
schlichten Hinterhofzimmer –
my home is my castle.

Bei Kühens im Wohnzimmer

Haus-Rind: Nach dem Melken…

…geht's hinaus auf die Wiese.

Bereit für die nächste Füllung

Ein skeptischer Blick…

… und eine gehörige Portion Neugier

Siesta im Stall

„Wer hat Sie denn hier reingelassen?"

Wieder und wieder käut man wieder.

Ein waches Auge gilt dem Nachwuchs.

Fix und fertig

Nachmittags, wenn alles ruht.

Im Kälberstall

Hochgehängt im Dienst der Sauberkeit

Im Futterautomaten

„Ja bitte?"

Aaangenehm …

„Ich bin dann mal weg."

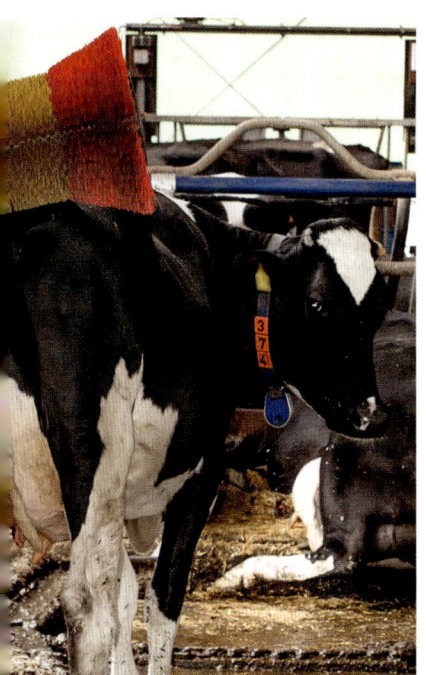

... jederzeit und überall

„Wann macht denn endlich diese dämliche Melkbude auf!"

All you can eat am Heubüffet

Trinkautomat mit
Glockendesign

Zicke zacke zicke zacke, Heu! Heu! Heu!

Warten auf die nächste Milchration

„Wie der Ochs vorm Berg"

Zwischen Kuh und Mensch – oder Mensch und Kuh? – bestand von jeher eine intensive Wechselbeziehung. Seit das Rind domestiziert wurde, stellt es gewissermaßen ein „Gesamtnutzwerk" für die Menschheit dar. Ob Fleisch, Fell, Milch, Horn oder Dung, es gibt praktisch nichts, was nicht irgendwo auf der Welt Verwendung fände. Da überrascht es kaum, dass die Kuh auch in übertragenem Sinn ihre Spuren in Redensarten und Sprichwörtern hinterlassen hat.

Etwa im „Tanz um das Goldene Kalb": Was im Alten Testament als Ausdruck der Götzenverehrung Bezug auf die vorchristlichen Stierkulte nahm – judäische Theologen wandelten deshalb bei der Übersetzung des 2. Buch Mose zwecks Verspottung derartiger Praktiken den Stier in ein lächerliches Kälbchen um –, steht heute für die tadelnswerte, überzogene (nichtreligiöse) „Anbetung" ethisch und moralisch falscher Werte.

Um Schuld und Moral geht es auch, wenn etwas „auf keine Kuhhaut" passt. Bevor sich ab dem 12. Jahrhundert das Papier langsam in Europa auszubreiten begann, verwendete man Pergament, um darauf zu schreiben. Üblicherweise wurde es aus der speziell behandelten Haut von Kälbern, Schafen und Ziegen hergestellt. Auch der finsterste Buchhalter aller Zeiten benutzte einer im Mittelalter weit verbreiteten Auffassung zufolge Pergament für seine Aufzeichnungen: Der Teufel hielt darauf die Sünden eines jeden Menschen fest. Und weil sich da im Laufe eines Lebens üblicherweise einiges ansammelte, benötigte er dafür eine Kuhhaut. Wenn also eine üble Sache „auf keine Kuhhaut" passt, besitzt sie eine solche Dimension an Verwerflichkeit, dass das normale Ziegen- oder Schafshautformat schlichtweg nicht mehr ausreichen würde, um sie zu dokumentieren.

Um der nach mittelalterlicher Überzeugung unausweichlichen Konsequenz eines solchen Sündenregisters, nämlich dem zeitweisen oder gar dauerhaften Aufenthalt in der Hölle, zu entgehen, hätte sich, da ja an der Menge der Verfehlungen nichts zu deuteln war, allenfalls ein „Kuhhandel" angeboten. Doch ein solches Ansinnen wäre chancenlos gewesen, weil der Teufel natürlich jede Trickserei sofort durchschaut hätte. Denn genau das beinhaltet dieser Begriff. Ob berechtigt oder nicht – bäuerlichen Handelsgeschäften haftete im allgemeinen Bewusstsein schon in frühesten

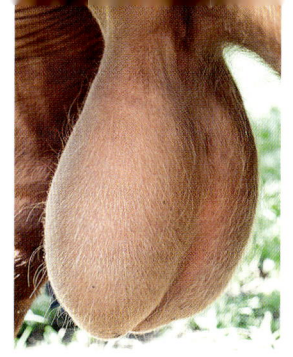

Zeiten häufig ein leicht anrüchiges Image an. Das lange Feilschen vor Abschluss eines Kaufes mit dem, so die daraus abgeleitete Unterstellung, Versuch beider Seiten, die jeweils andere zu übervorteilen, ehe zuletzt ein Stück Vieh mit gefälschten Angaben den Besitzer wechselt, hat dazu geführt, dass der im Kern eigentlich wertneutrale Begriff in ein „Hohnwort" uminterpretiert wurde. Obwohl also die Auffassung, die dahinter steckt, seit alters her verbreitet war, geschah die Übertragung auf andere Bereiche relativ spät: Erst seit den neunziger Jahren des 19. Jahrhunderts wird der „Kuhhandel" auch zur Charakterisierung politischer Absprachen mit einem gewissen „Geschmäckle" benutzt.

Ohne jede Relativierung erfolgte dagegen schon immer die Betrachtung der Kuh als Inbegriff der Dummheit. Das wenig schmeichelhafte Kompliment „Dusselige Kuh", mit dem TV-Ekel Alfred Tetzlaff in der 1970er-Jahre-Kultserie seine geknechtete Frau zum Ergötzen des Fernsehpublikums permanent bedachte, wurde und wird als eine ganz selbstverständliche und durchaus zutreffende Wortkombination empfunden. Wobei zugegebenermaßen ein Rind, das mit kaum zu überbietendem verwunderten Gesichtsausdruck großäugig den menschlichen Weidezaungast anglotzt, wirklich nicht als die personifizierte Intelligenz „rüberkommt".

Einen unter diesem Aspekt fast noch schlechteren Ruf hat, sprichwörtlich gesehen, der Ochse. Wer nicht weiß, wie eine bestimmte Situation einzuschätzen ist, der steht „wie der Ochs(e) vorm (neuen) (Scheunen-) Tor" oder gar „wie der Ochs vorm Berg". Und was Karl Marx mit seiner Forderung „Jeder nach seinen Fähigkeiten ..." in einen hochpolitischen Zusammenhang stellte, wusste das Volk schon früh anschaulich auszudrücken. „Ochsen gehören auf den Acker und nicht ins Rathaus", formulierte es seine Ablehnung jener Repräsentanten, die ihm zu dumm für die betreffenden Positionen erschienen.

Dass ausgerechnet der Ochse so viel Hohn und Spott auf sich zieht, dürfte aber letztlich auch daran liegen, dass ihm noch in anderer Hinsicht etwas fehlt – was, da unverschuldet, aus seiner Sicht zweifellos eine typisch menschliche Projektion und damit hodenlose Ungerechtigkeit darstellt.

Wir können auch komisch

Kuhriositäten & Skuhrrilitäten

Das Rind als solches ist
ein Tier mit Hörnern zwei
und Beinen vier.
Oder etwa nicht?

Kuhriositäten
& Skuhrrilitäten

Die Zunge...

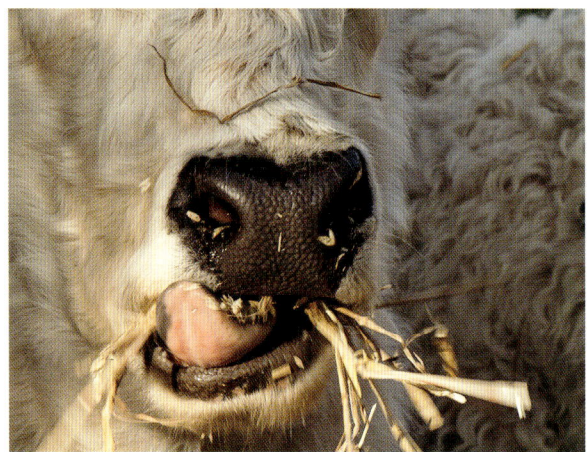

um die Nase winden, ...

lässt sich...

Eindruck schinden.

damit...

Dreibein auf der Alm

Verknotet

„Verflixt, das juckt!"

Verknäult

Verdreht

Das gibt Ohrensausen.

Im freien Fall

Breakdance oder Alien?

Vorn ist hinten.

Hinten ist vorn.

Entweder man steht über den Dingen …

… oder man geht der Sache auf den Grund.

Es gibt … offensichtlich …

nicht nur… kopflose Hühner.

Schottische Sparsamkeit: Ein Kopf genügt.

Belted Galloway auf Futtersuche

Körperkuhltur

Flotter Horn-Hecht

167

Spiegelkuh

Schattenkuh

Schuppenkuh

Wasserkuh

Mopp-Models

  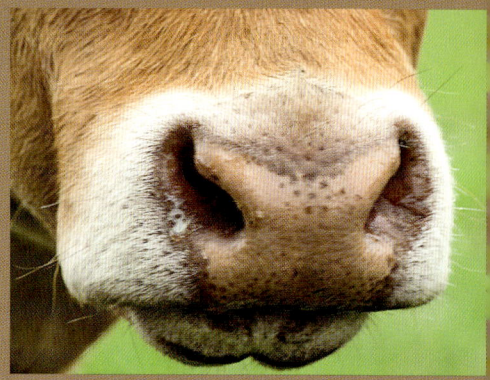

Knollen-Galerie

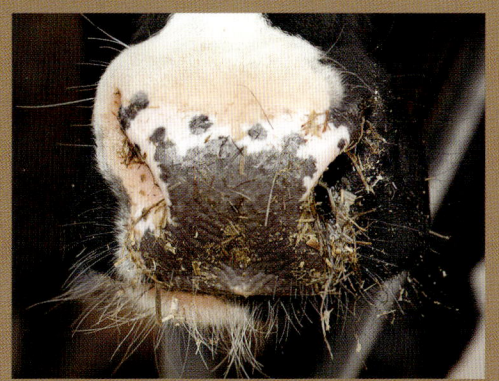

   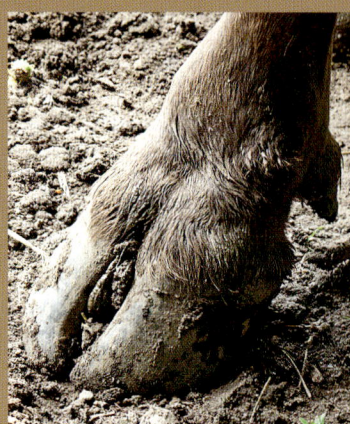

Huf-Mode

 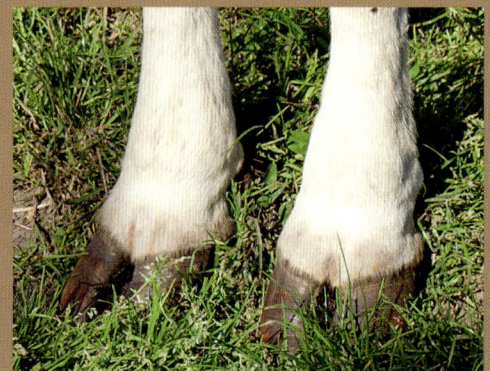 

 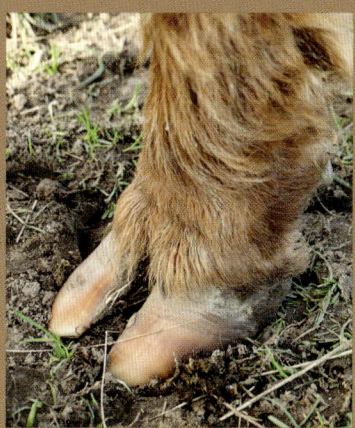 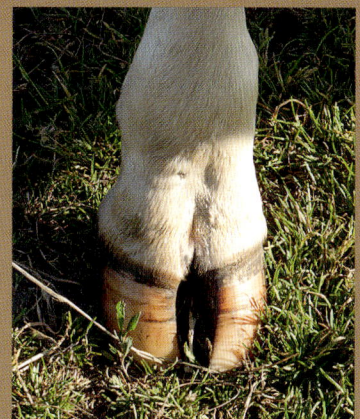 

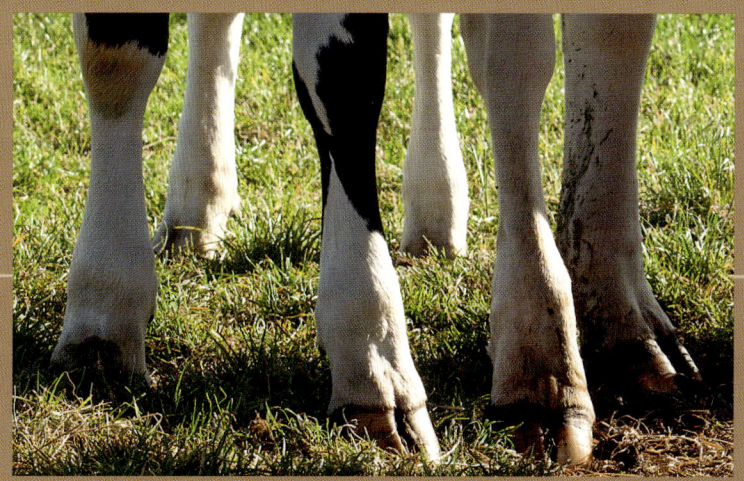

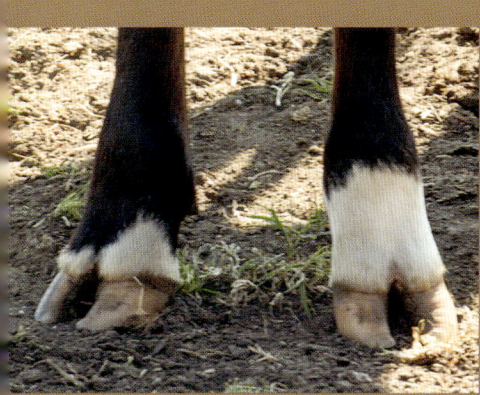  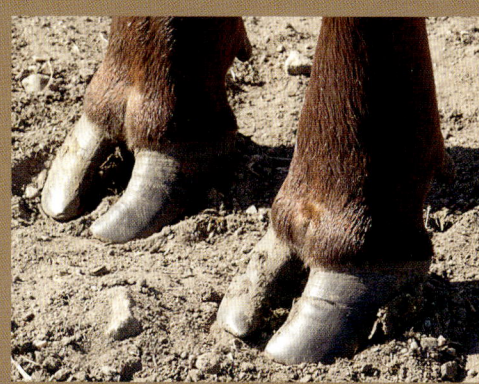

Augen-Blicke

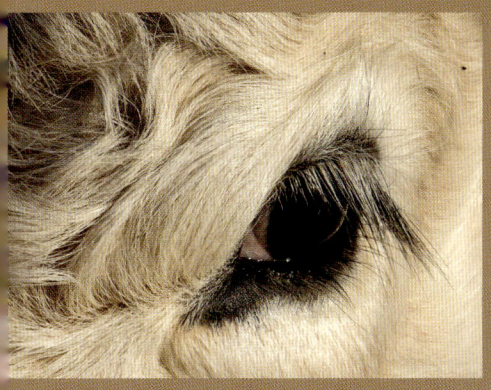
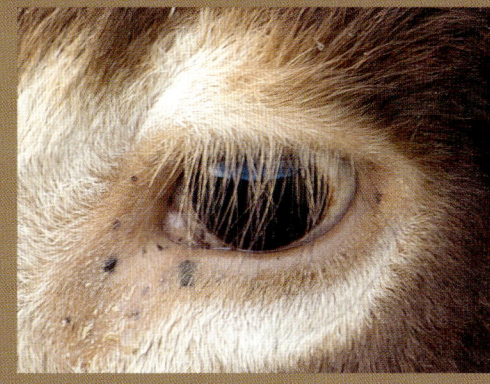
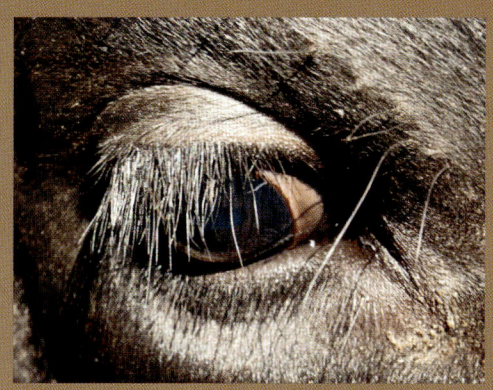
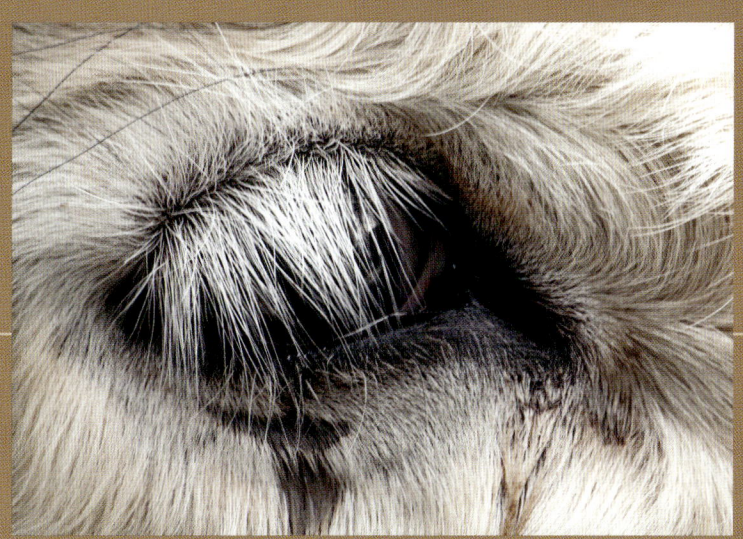

Echte Kerle

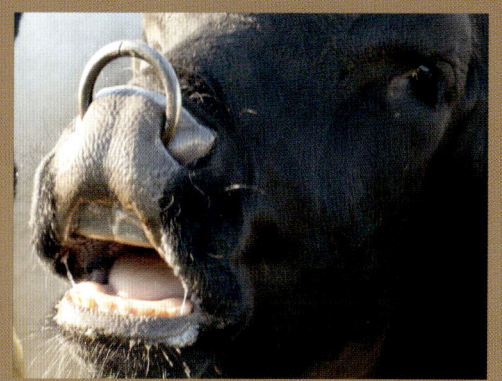

Die Fotografen/Autoren

Torsten Prawitt, geboren 1957, veröffentlichte seit Abschluss eines Geschichts- und Politikstudiums als freier Autor satirische und humoristische Texte sowie Kurzhörspiele; schrieb außerdem fürs Kabarett. Seine kriminellen und makabren Kurzgeschichten finden sich in diversen Anthologien.

Ute Haese, geboren 1958, promovierte Politologin und Historikerin, war zunächst als Wissenschaftlerin an der Christian-Albrechts-Universität zu Kiel tätig. Seit 1998 arbeitet sie hauptberuflich als Schriftstellerin und widmet sich inzwischen ausschließlich der Belletristik im Krimi- und Satirebereich.

Das Ehepaar lebt am Schönberger Strand in Schleswig-Holstein. Gemeinsam brachte es mehrere Sachbücher und satirische Romane heraus und arbeitet auch bei seinen fotografischen Projekten eng zusammen.

www.prawitt-haese.de

Impressum

LV·Buch
im Landwirtschaftsverlag GmbH, 48084 Münster

© Landwirtschaftsverlag GmbH, Münster-Hiltrup, 2014

Das Werk einschließlich aller seiner Teile ist urheberrechtlich geschützt. Jede Verwertung außerhalb der engen Grenzen des Urheberrechtsgesetzes ist ohne Zustimmung des Verlages unzulässig und strafbar. Das gilt insbesondere für Vervielfältigungen, Übersetzungen und die Einspeicherung und Verarbeitung in elektronischen Systemen.

Gestaltung: Monika Wagenhäuser, LV·Buch

Druck: Westermann Druck Zwickau GmbH

ISBN 978-3-7843-5335-7

Bildnachweis
Kuhzeichnung/Fleischteile (S. 135): Handbuch für die deutsche Familie, hrsg. vom Bundesverband der deutschen Standesbeamten e.V., Frankfurt 1956.
Butterfass (S. 101): aufgenommen im Probstei Museum Schönberg.
Kuhmodell (diverse Seiten): Objekt von Günter Haese, Kirschbaumholz, Anfang der 1950er-Jahre.